Ben y sus amigos del clima explican frentes, tormentas eléctricas y arcoíris.

Escrito por Ben & Linda Robinson
Ilustrado por Linda Robinson

¡Hola! Soy Rayne la Gota de Lluvia y estoy aquí para enseñarte lo divertido que es el clima.

¿Sabes qué son un frente frío y un frente cálido?
¿Sabes cómo se forman las tormentas eléctricas?
No te preocupes, mis amigos te lo explicarán.

Aquí está mi amiga Cindy, el Frente Frío.

¡Hola! Soy Cindy y estoy aquí para explicarte el clima que traigo y lo que hago.

Cuando pienses en un frente frío, piensa en una excavadora.
Un frente frío, como una excavadora, empuja el aire cálido hacia arriba.

AIRE FRÍO

A medida que el aire cálido asciende hacia el cielo, se enfría, formando nubes.

AIRE CÁLIDO

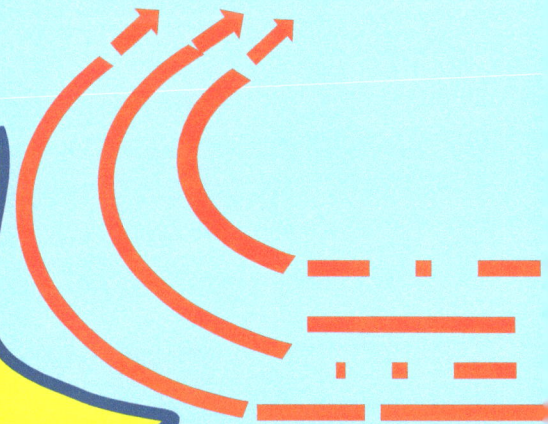

5

Un frente frío puede traer muchos amigos.
Puedo traer vientos racheados, aire frío y tormentas eléctricas.

A veces traigo a todos mis amigos y a veces solo a uno.
A todos nos encanta viajar juntos.

Gus T. Viento

Collet Aire Frío

T.J. Tormenta
Eléctrica

Gracias, Cindy. Y ahora...
¡William el Frente Cálido!

¡Hola! Soy William el Frente Cálido.
Te ayudaré a entender lo que hago y el clima que traigo.

Piensa en un frente cálido como si ascendieras por un tobogán hacia atrás. Un frente cálido se produce cuando el aire húmedo y cálido se desliza hacia arriba sobre el aire frío.

AIRE CÁLIDO

AIRE FRÍO

Los frentes cálidos pueden traer nubes, un cambio en la dirección del viento y lluvia. Después de un frente cálido, normalmente habrá cielos despejados y temperaturas más cálidas.

¡Conoce a los amigos del clima que puedo traer!

Claudia la Nube

T.J. Tormenta Eléctrica

Rayne la Gota de Agua

Gracias, William.
¡Ahora, escuchemos a T.J. Tormenta Eléctrica!

¡Hola! Soy T.J. y voy a explicar las tres etapas de una tormenta eléctrica.

La primera etapa se denomina etapa de desarrollo. En ella, las corrientes ascendentes (vientos ascendentes) empujan el aire cálido y húmedo hacia arriba para formar una nube cúmulo.

Desarrollo

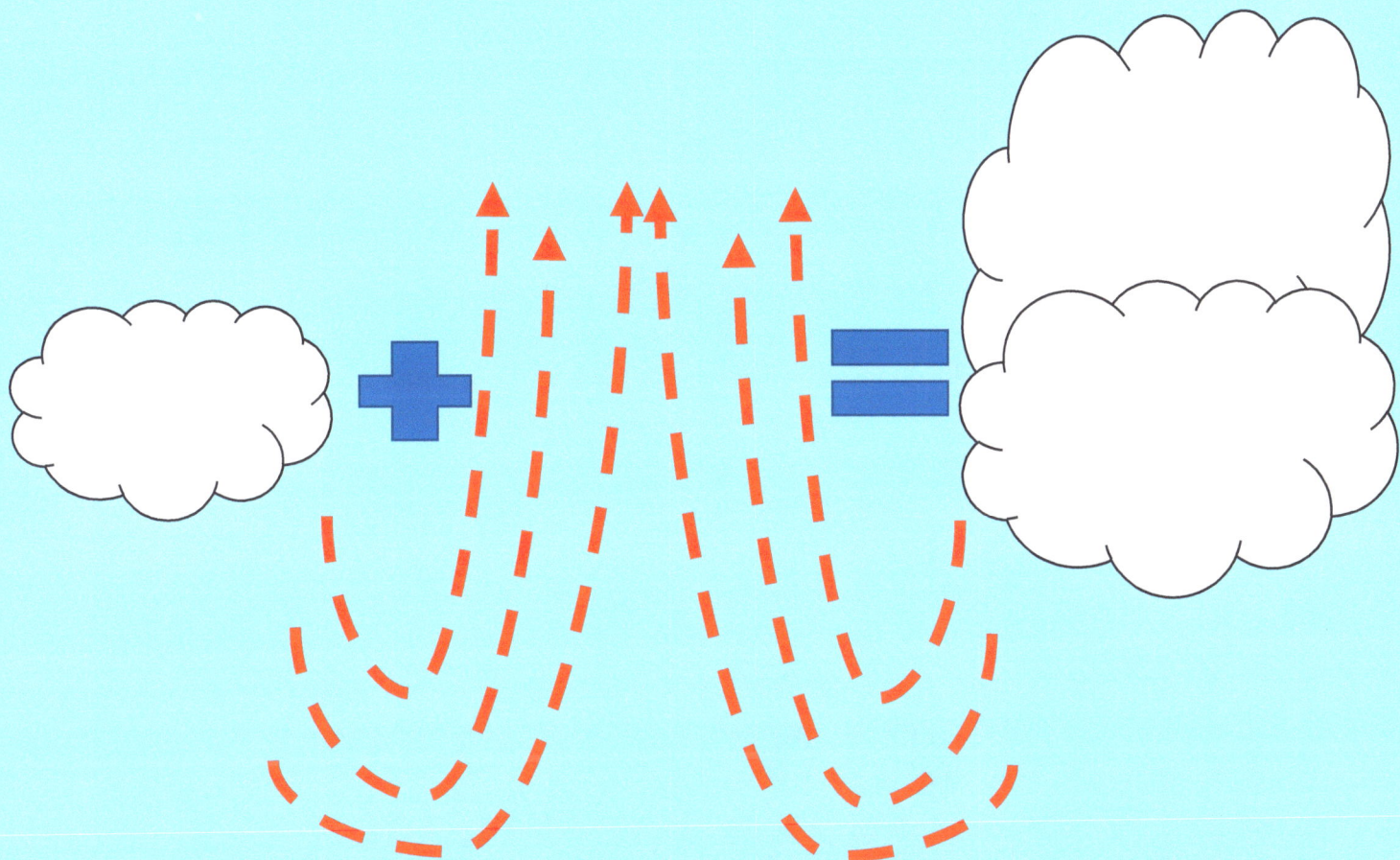

Corriente ascendente

La segunda etapa es la de madurez. La nube continúa creciendo, acumulando más humedad. La humedad se condensa en gotas de agua.

Madurez

Desarrollo

A medida que la nube crece, las gotas crecen.
Cuando las gotas de agua se vuelven pesadas, la nube las suelta.
¡Esta es una gota de lluvia, como Rayne!

La tercera etapa es la de disipación. En esta etapa, el aire cálido de la nube comienza a enfriarse.

Disipándose

Madurez

Desarrollo

El aire frío desciende hasta el suelo y finalmente impide que el aire cálido y húmedo ascienda. Esto hace que la lluvia disminuya y luego se detenga.

Abajo

Arriba

Apuesto a que quieres saber sobre los rayos y los truenos.

En una nube de tormenta eléctrica, a dos de mis amigos les gusta correr y jugar: Polly la Carga Positiva y Nick la Carga Negativa.

Polly y Nick merodean entre las nubes y en el suelo.

Después de un rato, empiezan a extrañarse y corren al suelo para buscar más amigos. Corren tan rápido que forman un rayo.

Al correr para buscar amigos, el aire se calienta y se expande, para luego enfriarse y contraerse rápidamente. Esto crea una onda de choque conocida como trueno.

¡Brrrum!

24

Las tormentas pueden dar miedo, pero lo mejor es que a veces hay un arcoíris al final. Busca a mi amigo Rene Arcoíris después de una tormenta.

¡Me encanta jugar después de la lluvia!

Los arcoíris se forman cuando la luz del sol entra en una gota de lluvia, se refracta y luego se refleja en el interior de la gota de lluvia, separándola en siete colores diferentes: rojo, naranja, amarillo, verde, azul, índigo y violeta.

¡Me da cosquillas!

Refracción

Reflexión

En este caso, la refracción es cuando la onda de luz cambia de dirección y la reflexión es cuando la onda de luz regresa.

Espero que entiendas mejor el clima. El clima está en todas partes.
Aprender sobre el clima puede ser tan divertido como observarlo.

Antes de irte, a ver cuántos de mis amigos puedes nombrar.

¡Hasta la próxima vez que llueva!

Sobre los autores:

En 1991, Ben, de diez años, le pidió a su hermana mayor que lo ayudara a diseñar un libro acerca del clima. Gracias a su pasión por el clima y a la combinación de sus imaginaciones, Randy the Raindrop (rebautizado como Rayne the Raindrop y luego traducido como Goyo la Gota de Lluvia) y sus amigos nacieron en el libro original, El Clima de Randy. Ahora, más de treinta años después, han vuelto a unir fuerzas para compartir su historia con todos los lectores.

Linda y Ben Robinson nacieron en Fort Wayne, Indiana. Linda Robinson es autora, veterana de las fuerzas armadas estadounidenses y gestora de proyectos, y vive en Helotes, Texas, con sus dos hijos, cuatro perros y dos gatos.

Ben Robinson es consultor de ingeniería de redes en Honolulu, Hawái, y desde niño siente un gran entusiasmo por la dinámica del clima y sus constantes impactos.

Ilustraciones originales, alrededor de 1991

www.ingramcontent.com/pod-product-compliance
Lightning Source LLC
LaVergne TN
LVHW072058070426
835508LV00002B/155